酷炫100天

[美]斯图尔特·J.墨菲 文   [美]约翰·本多尔–布鲁内洛 图   漆仰平 译

认识1~100

海峡出版发行集团 | 福建少年儿童出版社
THE STRAITS PUBLISHING & DISTRIBUTING GROUP | FUJIAN CHILDREN'S PUBLISHING HOUSE

献给超级酷的老师凯茜·库恩。她可不止酷炫100天，而是年年如此。

——斯图尔特·J.墨菲

送给我的"酷"侄女卡梅利娅（尽管她早已超龄，不适合看这本书了），也一如既往地送给我可爱的妻子蒂齐亚娜。

——约翰·本多尔-布鲁内洛

100 DAYS OF COOL

Text Copyright © 2004 by Stuart J. Murphy

Illustration Copyright © 2004 by John Bendall-Brunello

Published by arrangement with HarperCollins Children's Books, a division of HarperCollins Publishers through Bardon-Chinese Media Agency

Simplified Chinese translation copyright © 2023 by Look Book (Beijing) Cultural Development Co., Ltd.

ALL RIGHTS RESERVED

著作权合同登记号：图字 13-2023-038号

图书在版编目（CIP）数据

洛克数学启蒙.2.酷炫100天 / (美) 斯图尔特·J.墨菲文；(美) 约翰·本多尔-布鲁内洛图；漆仰平译. -- 福州：福建少年儿童出版社，2023.9
ISBN 978-7-5395-8096-8

Ⅰ.①洛… Ⅱ.①斯… ②约… ③漆… Ⅲ.①数学-儿童读物 Ⅳ.①O1-49

中国国家版本馆CIP数据核字(2023)第005831号

LUOKE SHUXUE QIMENG 2 · KUXUAN 100 TIAN

洛克数学启蒙2·酷炫100天

著　　者：[美]斯图尔特·J.墨菲　文　[美]约翰·本多尔–布鲁内洛　图　漆仰平　译
出 版 人：陈远　出版发行：福建少年儿童出版社　http://www.fjcp.com　e-mail:fcph@fjcp.com　社址：福州市东水路76号17层（邮编：350001）
选题策划：洛克博克　责任编辑：曾亚真　助理编辑：赵芷晴　特约编辑：刘丹亭　美术设计：翠翠　电话：010-53606116（发行部）　印刷：北京利丰雅高长城印刷有限公司
开　　本：889 毫米 ×1092 毫米　1/16　印张：2.5　版次：2023 年 9 月第 1 版　印次：2023 年 9 月第 1 次印刷　ISBN 978-7-5395-8096-8　定价：24.80 元

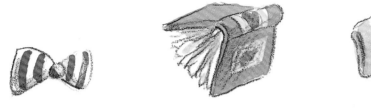

酷炫100天

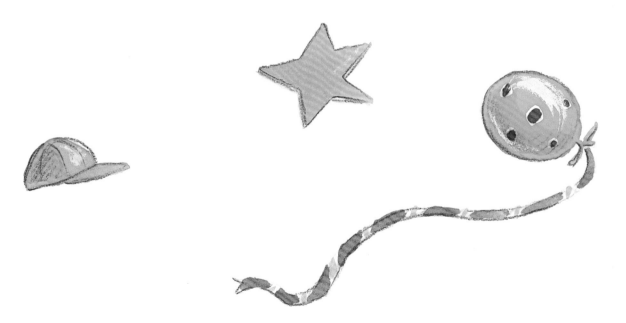

"嗨！你们几个怎么打扮得怪怪的？"托比问。

今天是开学第 1 天。玛吉、内森、耀西、斯科特，每个人的衣着都很夸张。

"你没听说吗？"玛吉说，"新来的洛佩斯老师要让全班庆祝'酷炫100天'。所以我们尽量穿得酷些。"

"不是'酷炫'，"托比说，"是'苦学'！"

"哦，天哪，"斯科特抱怨道，"别管玛吉犯的错了。"
"我们现在根本没时间回家换衣服了。"耀西说。
"管他呢，那就这样吧。"内森说。

7

当 4 个打扮超酷的孩子走进教室时，洛佩斯老师简直不敢相信自己的眼睛。

"酷炫第 1 天，我们准备好啦。"内森宣布。

"酷炫第 1 天？"洛佩斯老师一头雾水。"噢，我明白了！好主意！如果你们能再坚持 99 天，咱们就开个酷炫派对来庆祝。你们能做到吗？"

"一言为定！"玛吉高喊。其他 3 人表示赞同。

0   10   20   30   40   50

可是就在第 2 天，玛吉、内森、斯科特、耀西来上学时都换回了普普通通的打扮。他们的衣服上都没有亮片，也没有人戴太阳镜。

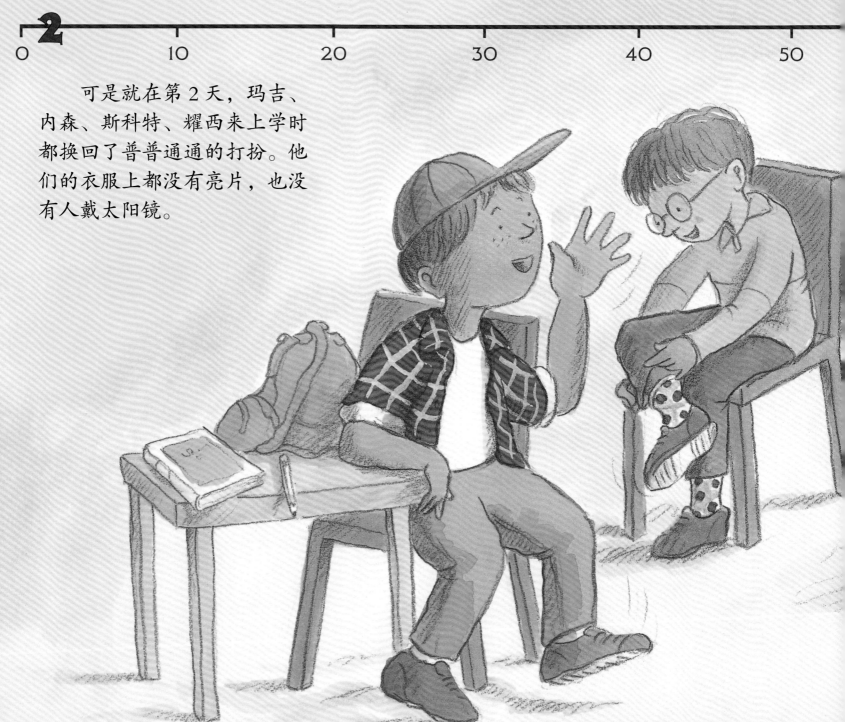

"怎么啦？"托比嘲笑道，"你们这就放弃了？"

"第2天，我们依然酷炫。"耀西说这话的时候，4人同时把牛仔裤往上提。

"好酷的袜子！"教室后排有人喊。

哈！他们还得坚持98天呢！

一天又一天，酷炫四人组坚持不懈。

第 5 天，他们装饰了自行车。

第 8 天，他们每人在黑板上写下自己最喜欢的 8 个笑话。

第 10 天，他们酷得很特别——4 个人穿着 20 世纪 70 年代生产的衣服来上学。

60　　　　70　　　　80　　　　90　　　　100

他们才完成 $\frac{1}{10}$。

13

不过，有些创意让他们酷不起来。

第 17 天，酷炫四人组努力倒着走一整天，结果苦不堪言。

第 21 天，他们把运动短裤套在长裤外面。玛吉的妈妈差一点儿没放她出门。

第 25 天，他们 4 个染了头发，一人一种颜色。
酷是真酷，可洗掉颜色的时候他们吃尽了苦头。

不错，完成 25 天。
可是还剩下漫长的 75 天呢。

第 33 天，酷孩子们在脸上贴了闪闪发光的东西。

第 41 天，他们宣布，放学后去"橡树山老人院"做志愿者，为老人们读书。

"这样太酷了！"洛佩斯老师赞美道。

第 49 天，他们穿着各式黑白拼接衬衫。
"我们就要成功了！"他们信心十足地喊。

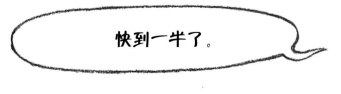

快到一半了。

17

可是，他们想不出第 50 天该怎么扮酷了。4 个人坐在食堂讨论起来。

"想想嘛，玛吉，"耀西说，"你的点子最多了。"

"我什么都想不出来了。"玛吉说。

"金鱼怎么样？"内森提议，"金鱼很酷。"

"金鱼有什么酷的？"斯科特不以为然。

托比正巧路过，听到了 4 人的谈话。

"我就知道你们完不成！"他说，"连一半还没到呢。"

罗莎也在附近。"你们不能现在就放弃，"她说，"我们离派对差不多只剩一半的时间了！嘿，各位！来帮他们想想创意吧！"

班里所有同学都过来了。耀西做了记录。很快，她就列出了长长的清单。

0   10   20   30   40   **50**

第50天，四人组戴上
了围巾和分指手套。他们
说这是"冷"酷。

第75天，他们努力
说了一整天西班牙语。

第82天，他们各自戴上了用自己最喜欢的食物做成的帽子。
"酷毙了！"托比一边感叹，一边偷偷拿了块巧克力饼干。

他们还需要将近
20 个新点子呢。

23

第 99 天，他们每人带来了 99 样东西。

24

"你们明天打算来点什么？"罗莎问。
"好吧，我来告诉你，"玛吉说，"哈，
其实我是不会说的，否则就没有惊喜了。"

第 100 天，当酷炫四人组到达学校时，全班同学都已经等在那儿了。

耀西裹在硬纸板里。斯科特身上套着塑料垃圾袋。玛吉和内森穿着爸妈的雨衣。4 个人从头到脚都被裹住了。

"准备好！"玛吉发令，"1……2……"

真不敢相信，他们竟然办到了。

27

"……3！"
4 人同时甩掉外套。
全班欢呼起来。
他们成功做到了酷炫 100 天！

洛佩斯老师端出食物，酷炫派对开始了。

可是，斯科特一副不太开心的样子。

"怎么了，斯科特？"洛佩斯老师问。

30

"唉，明天我们该做
些什么呢？"斯科特说，
"游戏结束了。"

写给家长和孩子

《酷炫 100 天》中所涉及的数学概念是数字 1 到 100。在孩子熟悉进位制的过程中，100 对他们来说是一个重要的标志性数字。许多学校都设有百日庆典，来庆祝孩子们终于学完了数字 1 到 100。

对于《酷炫 100 天》中所呈现的数学概念，如果你们想从中获得更多乐趣，有以下几条建议：

1. 一边读故事一边给孩子指出数轴。说说这一天是第几天，还有多少天就到 100 天了。

2. 在一张又细又长的纸上画一个类似书中所示的数轴，然后将数轴对折，再对折。从折痕上可以看出，第 25 天在数轴的 $\frac{1}{4}$ 处，第 50 天在数轴的 $\frac{1}{2}$ 处，第 75 天在数轴的 $\frac{3}{4}$ 处。

3. 用一种圆圈形状的食物（比如水果谷物圈）做一条有 100 个圈的项链，每 10 个为一组，每一组采用同一种颜色（例如，10 个橙色、10 个黄色这样轮换）。数一数这条项链一共包含多少组。

4. 和孩子一起看日历。以 1 月 1 日为开端，找到这一年的第 100 天。你和孩子可以各自猜一猜，这一天会在几月，是星期几，看看是谁猜对了。再用同样的方法，从今天或者孩子的生日开始算，找到下一个 100 天。

如果你想将本书中的数学概念扩展到孩子的日常生活中，可以参考以下这些游戏活动：

　　1. 100 件收藏品：试着开始收藏 100 件东西。例如硬币、弹珠或纽扣。

　　2. 多米诺小火车：给孩子一套多米诺骨牌，让孩子用点数之和为 100 的多米诺骨牌来搭一辆小火车（或是将它们排列成行）。看看孩子能搭出多少辆小火车。

　　3. 硬币分组：取 100 枚硬币，将它们分组。每组必须有相同数量的硬币，而且每组的硬币数量不得少于 3 枚或多于 15 枚。让孩子试试可以用多少种不同的方法将硬币进行分组，并且不会有剩余的硬币呢。

洛克数学启蒙

《虫虫大游行》	比较
《超人麦迪》	比较轻重
《一双袜子》	配对
《马戏团里的形状》	认识形状
《虫虫爱跳舞》	方位
《宇宙无敌舰长》	立体图形
《手套不见了》	奇数和偶数
《跳跃的蜥蜴》	按群计数
《车上的动物们》	加法
《怪兽音乐椅》	减法

《小小消防员》	分类
《1、2、3，茄子》	数字排序
《酷炫 100 天》	认识 1~100
《嘀嘀，小汽车来了》	认识规律
《最棒的假期》	收集数据
《时间到了》	认识时间
《大了还是小了》	数字比较
《会数数的奥马利》	计数
《全部加一倍》	倍数
《狂欢购物节》	巧算加法

《人人都有蓝莓派》	加法进位
《鲨鱼游泳训练营》	两位数减法
《跳跳猴的游行》	按群计数
《袋鼠专属任务》	乘法算式
《给我分一半》	认识对半平分
《开心嘉年华》	除法
《地球日，万岁》	位值
《起床出发了》	认识时间线
《打喷嚏的马》	预测
《谁猜得对》	估算

《我的比较好》	面积
《小胡椒大事记》	认识日历
《柠檬汁特卖》	条形统计图
《圣代冰激凌》	排列组合
《波莉的笔友》	公制单位
《自行车环行赛》	周长
《也许是开心果》	概率
《比零还少》	负数
《灰熊日报》	百分比
《比赛时间到》	时间